インプレスR&D ［NextPublishing］　技術の泉 SERIES
E-Book / Print Book

今日からはじめる 「技術Podcast」 完全入門

YATTEIKI Project ［編］
itopoid ／ kkosuge ／ r7kamura ／ soramugi ［著］

- 超便利！ジングル・BGM再生 Discord botレシピ
- Podcast公開オリジナルワークフレーム
- 三日坊主で終わらない！最高の番組企画

目次

はじめに ……………………………………………………………………………… 4

本書はこんな方にオススメ …………………………………………………………… 5
　ウェブエンジニア ……………………………………………………………………… 5
　フリーランス …………………………………………………………………………… 5
　クリエイター …………………………………………………………………………… 5
　自分には何もないと考えている人 …………………………………………………… 6

第1章　Podcastをはじめよう ………………………………………………………… 7
　1.1　Podcast、ご存知ですか？ …………………………………………………… 7
　1.2　Podcastは楽勝って本当？ …………………………………………………… 7
　1.3　まずは「録音」からはじめよう！ …………………………………………… 8
　1.4　第三のメディアPodcastがいまアツい！ …………………………………… 8

第2章　Podcastを収録しよう ………………………………………………………… 12
　2.1　録音ができればなんでもいい ……………………………………………… 12
　2.2　yatteiki.fmの収録環境について …………………………………………… 12
　　　　●マイク ………………………………………………………………………… 12
　　　　●録音装置 ……………………………………………………………………… 13
　　　　●会話ツール …………………………………………………………………… 13
　　　　●編集 …………………………………………………………………………… 15
　2.3　Discordで収録をしてみよう ………………………………………………… 15
　　　　●会話を録音する ……………………………………………………………… 17
　　　　●SoundflowerとLadioCast ………………………………………………… 17
　　　　●Audio Hijackを利用する …………………………………………………… 17
　2.4　ジングルやBGMを流すBotを作ってみよう ………………………………… 18
　　　　●discord.jsを利用する ……………………………………………………… 18
　　　　●簡単な返答をするBotを作成する ………………………………………… 19
　　　　●ボイスチャンネルに入室させる …………………………………………… 20
　　　　●ジングルを再生させる ……………………………………………………… 21
　　　　●BGMを再生させる …………………………………………………………… 23

第3章　Podcastを公開しよう ………………………………………………………… 25
　3.1　何が必要? ……………………………………………………………………… 25
　3.2　Podcastフレームワーク ……………………………………………………… 25
　　　　●SoundCloud …………………………………………………………………… 26
　　　　●WordPress ……………………………………………………………………… 26

　　　　●Yattecast··26
　3.3　Yattecastの使い方···26
　　　　1. リポジトリをFork··26
　　　　2. リポジトリ名を変更···27
　　　　3. Yattecastをカスタマイズ···27
　　　　4. 音源を配置··28
　　　　5. 記事を配置··28
　　　　6. 変更をリポジトリに反映··28
　3.4　iTunesに登録する··28
　3.5　購読者数を把握する···29

第4章　番外編：スマートスピーカーで再生できるようにしよう···31
　4.1　PodcastのAlexa再生フレームワーク、yatteskill···31
　4.2　yatteskillの使い方··32
　　　　●デプロイ···33
　　　　●デバッグの方法···33
　4.3　Alexaスキルの公開···33
　4.4　スマートスピーカーとPodcastの可能性··34

第5章　Podcastを続けよう··35
　5.1　更新が止まってしまう原因とは？···35
　　　　●Podcastが終わる原因1「番組のテーマ決めを間違える」···35
　　　　●Podcastが終わる原因2「テンションが続かなくなる」···37
　5.2　あらゆる問題の解決策は「継続」···39
　5.3　継続のためにあなたに合ったテーマ設定をしよう··39

第6章　Podcast番組企画を立てよう··41
　6.1　あなたの企画は大丈夫？チェックリスト···41
　6.2　Podcastのおもしろさの本質··42
　　　　●トーク内容はおもしろくなくていい···43
　　　　●パーソナリティのキャラクターの魅力を出そう···43
　　　　●楽しそうな雰囲気を作ろう···43
　6.3　自分はどんなジャンルが向いている？パラメータを確認しよう··44
　6.4　Podcastパターン別分析···46
　　　　A. 有名人系Podcast··47
　　　　B. 情報系Podcast··47
　　　　C. 講座・教室系Podcast···47
　　　　D. ゲスト系Podcast··48
　　　　E. 雑談系Podcast··48
　　　　F. ボイスコンテンツ・朗読系··49

あとがき··52

はじめに

本書を手にとってくださりありがとうございます。この本は「たくさんの人がPodcastを配信する世の中にしたい！」という思いの下、これからPodcastをはじめたいと考える可能性のある人全員に向けた「最強の入門書」を作ることをコンセプトとしています。

我々YATTEIKI Project[1]がエンジニア・クリエイター向けPodcast「yatteiki.fm」を1年配信し続けてわかった、Podcastの良い所、録音の仕方、公開の仕方、起こりやすい失敗、番組企画の立て方などのノウハウを1冊にまとめました。

インターネットには書かれていない秘密の情報をまとめた本書が、あなたの「知の高速道路」となることを祈って。

yatteiki.fm パーソナリティ「やっていき手」一同

リポジトリと連絡先

本書で紹介するコードは以下のリポジトリで公開しています。

Discord Bot：https://github.com/kkosuge/discord-sound-bot

Yattecast：https://github.com/r7kamura/yatteicast

また、本書の内容についてのご意見、ご感想については、

yatteikifm@gmail.com

あてにお送りください。

表記関係について

本書に記載されている会社名、製品名などは、一般に各社の登録商標または商標、商品名です。会社名、製品名については、本文中では©、®、™マークなどは表示していません。

免責事項

本書を用いた開発、製作、運用は、必ずご自身の責任と判断によって行ってください。これらの情報による開発、製作、運用の結果について、著者はいかなる責任も負いません。

底本について

本書籍は、技術系同人誌即売会「技術書典4」で頒布されたものを底本としています

---

1. やっていき手たちによるインターネットプロジェクトの名称。Podcast「yatteiki.fm」、生放送番組「yatteikitv」、アパレルショップ「YATTEIKI Project SHOP」、古民家オープンスペース「やっていき場」、イラストレーターの生放送番組「イラストレーターズカフェ」などの運営をしている。なお"やっていき手"とは、「やっていっている個人開発者・クリエイター」のことを

本書はこんな方にオススメ

ウェブエンジニア

　プログラミングの情報や勉強法などを気軽にアウトプットする技術系Podcastは、人気Podcastジャンルのひとつです。ブログよりももっと気軽に技術の話をしたい、誰かといっしょにインターネットでは書けない「ぶっちゃけ」た「ポエミー」な話がしたい……という方は、今すぐPodcastをはじめるべきでしょう。「yatteiki.fm」も、元は個人開発者たちのPodcastという立ち位置でした。（今では技術系を中心に広範囲のやっていき手をフィーチャーすることも多くなっています）

　本書を読んで「Discordで録音してサーバーにアップロードすればいいのね」ということさえわかれば、エンジニアのあなたならすぐにでもPodcastをはじめられるでしょう。

フリーランス

　Podcast配信は自分の名前で仕事をしているフリーランスの方にもお勧めです。自分のアウトプットや成果、得意な分野の知見を話すPodcastの配信を通してあなたの周辺に人が集まり、新しい取引先や仲間ができるかもしれません。本書の執筆者の中にも「yatteiki.fmに関わってから仕事が増えた」というフリーランスの人間が3人います。

　Podcastにゲストで出ない？と誘うだけで、なかなか話しかけられなかったインターネット上の同業者と簡単につながりを作ることができるので、毎日のフリーランスライフが楽しくなるかもしれません。ひとりで作業していると誰かと話したくなることは多いですし、もしかしたらフリーランスの方が一番Podcastに向いているかもしれません。

クリエイター

　あなたがものづくりを趣味や仕事にしているのであれば、きっと話すことがたくさんあるはずです。自分が作ってきたもの、いま着手しているもの、大事にしているこだわり、大変だったこと、好きなこと、最近気になっていること……。「完成した作品しかインターネットにアップロードできないのがつらい」「かといってブログを書く労力があるなら作品づくりに集中したい」という方でも、おしゃべりなら気軽にできるのではないでしょうか。

　たとえば「さぎょいぷ」（作業中にSkype通話をすること。主にイラストレーター界隈でよく使われるスラング）の様子を録音してもよいかもしれません。我々も活動の一環として「イラストレーターズカフェ」（https://twitter.com/illustratorscf）という生放送番組を配信したこと

があります。商業で活躍しているイラストレーターの方たちが古民家に集まり、仕事のしがらみや建前を抜きにして、3時間くらいだらだら過ごす様子を垂れ流す……という実験的番組です。ありがたいことに、今のところ出演者の方々は全員「ずっとこういうのがやりたかった」と言ってくださっていて、視聴者からも「続編はまだか」の声を多数いただいております。

やはりクリエイターは、自分が考えていることを誰かに伝えたいという思いが人一倍強いのかもしれません。Podcastはそんな気持ちを気軽に発散することができるメディアです。

自分には何もないと考えている人

筆者としては、最も本書を読んでもらいたいのが「自分には何もない」と考えている方です。何かになりたいと思いつつ数年が経ったけれど、未だに何者にもなれていない。絵や音楽、動画、小説、エッセイなど、何かをクリエイトする技術が自分には何もない……そう考えてしまっている方にこそ、心の底からPodcastをお勧めします。

お恥ずかしながら、上記のような性質を持っているもっとも身近な例が筆者自身です。何者かになりたいという欲望だけは強いのに、何ひとつ形にすることができない。堪え性もないし、凝り性でもない。ただ、今自分がいる所から一段上の、みんなが楽しそうに過ごしている「ステージの上」に上がりたい……と日々考えているタイプ。そんな方にこそ、Podcastをお勧めしたいのです。なぜなら、たとえあなたが現時点で何も持っていなかったとしても、とりあえず録音ボタンを押して、近況報告や普段あなたが感じていることを話してアップロードするだけで、Podcastのコンテンツは完成するからです！

Podcastをはじめるために重要なのは、一歩を踏み出すという気持ちだけで特別な技術は何も必要ありません。言ってしまえばチョロい世界です。でもそんな世界だからこそ「はじめて何かをやってみる」のにこれほどうってつけのフィールドはありません。

あなたの目で見て感じた世界をあなたの口で語ることは、他の誰にも真似できないクリエイティブな行為です。ぜひ本書を読んで、最初の一歩を踏み出していただければ幸いです。やっていきましょう。

第1章　Podcastをはじめよう

はじめまして。YATTEIKI Projectのプロデュースや企画、デザイン制作を担当している@itopoidです。

この章で伝えたいメッセージはたったひとつです。「あなたもいますぐPodcastをはじめて、楽しい毎日を過ごそうよ！」

1.1　Podcast、ご存知ですか？

みなさん、Podcastってご存知ですか？

> ポッドキャストは、アップルのポータブルマルチメディアプレーヤーであるiPod（アイポッド）シリーズと、"放送"を意味するbroadcast（ブロードキャスト）を組み合わせた造語である。元々は『iPodシリーズなどの携帯プレイヤーに音声データファイルを保存して聴くことが可能な放送（配信）番組』という意味で名付けられた。
> ポッドキャスト-Wikipedia

あなたのお手元のiPhoneにプリインストールされていた紫色のアプリを……消しちゃった？いやいやまさか。そう、それです！さっそくそのアプリを開いて、今すぐ検索窓に「yatteiki.fm」と入力してください。我々が配信しているPodcastを聴くことができます。はじめまして！

本書ではPodcastを広義の「ウェブラジオ的音声コンテンツ」として捉えて解説していきます。なぜなら、今ではiTunes経由で配信しなくても、SoundCloudやブログ、各種CMSに音声ファイルをアップロードして、そのURLをツイッターでシェアするだけで立派なウェブラジオになるからです。

1.2　Podcastは楽勝って本当？

結論からいうと楽勝です。録音した音声をひとつのコンテンツとしてアップロードするのは、文章を書いて公開するよりも簡単です。なぜなら、あなたの肉声を録音しただけのその音声データは、そこから何も手を加えなくてもコンテンツとして「完成」しているからです。文章とは異なり、推敲や校正といった「仕上げ」工程の必要がありません。

Podcastは、あなたが録音した音声のラフさやクオリティの甘さ、どうでもいい話、言葉に詰まってしまった空白の3秒間など、そこにあるすべてがコンテンツの大切な要素となります。極端にいえば、あなたの音声データが雑であればあるほどよいともいえるでしょう。その空気感、リアル感、抜き身の人間性こそリスナーが求めているおもしろさなのです。

プロじゃないからこそおもしろい。洗練されていないからこそリアル。他人の話を合法的に堂々と盗み聞きできる唯一の感覚。それが、Podcastの最大のコンテンツ性であり、強みでもあります。

だから、今すぐ開き直りましょう！ツイッターに「ねむい」「だるい」「つまんない」とだけ投稿して、0ふぁぼ。そんな毎日が3年間続いてる。でも、実はみんなでワイワイしているあの中に入りたい、ぼくもあのみんなが立っている「ステージの上」に立ちたい……と思っているそこのあなた。Podcastならライバルも少ないブルーオーシャン。はじめるだけでオンリーワン。今すぐ録音ボタンを押して、音声をアップロードして、プロフィール欄にURLを添えて、こう書きましょう。「Podcastやってます」と！

1.3 まずは「録音」からはじめよう！

早速録音しましょう！と言いたい所ですが……。もしかしてこれを読んでいるあなたは、こんな人生を送ってきてはいませんか？

> 「何かをはじめようと思いついた！なんてイケてるアイデアなんだろう。じゃあまずはドメインを取って、サーバーを設定して、コンテンツを載せるためのCMSをイチから作って、そしてフッターにお問い合わせリンクを置いて（誰が問い合わせをする？）、かっこいいデザインにならないからテンションが下がって、結局3ヶ月間寝かせてしまって……あれ？僕は何をしたかったんだっけ？」

そんなあなたのために、もう一度繰り返します。「あなたもいますぐPodcastをはじめて、楽しい毎日を過ごそうよ！」めんどくさいことや細かいことはすっ飛ばして、まずは録音をしましょう。ガワなんてどうでもいいのです。録ってから考えましょう。あなたが一歩を踏み出すために、我々はこの本一冊を通してあの手この手で「Podcastってこんなに簡単にできるんだよ」ということをお伝えしていきたいと思います。とにかく、録音からはじめましょう。

1.4 第三のメディアPodcastがいまアツい！

……といっても、いまさらPodcast？と思ってしまったあなただけにこっそりお伝えします。実はいま、音声メディアであるPodcastがにわかに注目されはじめているのです。

あなたのスマホに表示されるTwitterやFacebookのタイムラインにはどんなコンテンツが並んでいますか？ブログ記事、神絵師のイラスト、実体験エッセイ1ページ漫画、電子レンジの

汚れの取り方、バーチャルユーチューバー同士がじゃれ合うコラボ企画告知動画……。さて、今日あなたは何のコンテンツを見ましたか？自分が何をどれくらい見たか、あなたは覚えていますか？スマホユーザーのスキマ時間可処分所得を奪い合うコンテンツ大戦争時代において、ぽっかりと空いた市場があります。「何かを見ながら/作業しながらも消費できる」音声メディアであるPodcastは、実はブルーオーシャンなのです。

　メディアに詳しい方なら、Podcastのユーザーエンゲージメントが異常に高く、ユーザーはひとつの番組をけっこう最後まで聴いてくれる！というブログがWIREDから公開されていたことを思い出すかもしれません。

> PODCAST LISTENERS REALLY ARE THE HOLY GRAIL ADVERTISERS HOPED THEY'D BE
> https://www.wired.com/story/apple-podcast-analytics-first-month/?mbid=social_twitter_onsiteshare

　上記のブログの事例と同様に、我々の運営しているPodcast「yatteiki.fm」の視聴時間とエンゲージメントもかなり好調です。どのエピソードも平均して30分は必ず聴かれますし、再生数も購読数も土台がしっかりしています。ありがたいことにチャーンレート（離脱率。Podcastでいうなら「購読解除率」でしょうか）もかなり低く、基本的に一度購読していただいた方はずっとそのままです。

　筆者は普段メディア関係の仕事をしているのですが、Podcastがこんなにもエンゲージメント率が高いなんて、何のために高い予算を使って広告を出稿しているんだ……という気持ちになります。

　Podcastはたくさんの人に「広く浅く」認知してもらう施策というよりも、ピンポイントの人に「狭く深く」エンゲージメントさせる施策が向いています。すでにある程度商材に興味があるユーザーに対して、とどめのコンバージョンをうながしたり、一度つかまえたユーザーをキープし続けロイヤルユーザー化させる、といった施策との相性がよいかもしれません。Podcastはユーザーにとっては「なじみのパーソナリティが行う番組」ですので、一見さんというよりはお得意様を育てるメディアともいえるでしょう。ツイッターでコンテンツを投稿することを「路上で行う大道芸」とするならば、Podcastは定期通信販売ビジネスに似ているかもしれません。ユーザーの囲い込みと安定したコンテンツ提供を実現できるからです。

　趣味とはいえども取らぬ狸の皮算用をしないと気が済まないというあなたにも、筆者がPodcastをお勧めする理由がご理解いただけたかと思います。頭のいい人はもう気付いていますよ。次世代のプレイヤーになるのはあなたです。

　Podcastをはじめても、誰も聴いてくれないんじゃないかって？大丈夫です。これを書いている筆者は、あなたのPodcastを必ず聴くでしょう。私はPodcastを通じて、あなたの人間性が知りたいのです。聴きたいのです。こんな最高のコンテンツはこの世に他にありません。この

文章をわざわざ書いている理由は、ただそれだけなのですから。

　次章ではPodcastのポピュラーな収録方法を紹介した後、コミュニケーションサービス「Discord」を使った、複数人でPodastを簡単に録音するまったく新しい方法についてご提案します。

||||||||||||||||||||||||||||||||||||||||||||||||||||||||||||||||||||||||||||||||||||||||||||||||||||||||||
コラム：どんな技術系Podcastがあるの？

1. yatteiki.fm： https://yatteiki.fm
　ものづくり、仕事、生活などを「やっていく」話題を中心に、いま現在やっている人達が話す、やっていき手のためのラジオ。エンジニアだけでなくデザイナーやイラストレーターなどのクリエイター職もゲストとして度々フィーチャーされている。取り上げられる話題は技術・デザイン・企画・生活・人生設計など多岐に亘る。他ではなかなか話せないような/聴けないような話が展開されると評判のユニークな番組。リスナーからはよく「エモい」といわれる。

2. rebuild.fm： https://rebuild.fm
　ソフトウェア開発、テクノロジー、ガジェットなどの話題を中心に、エンジニアのTatsuhiko Miyagawa氏がゲストと話す、ギーク、デベロッパー向けのPodcast番組。業界のキーマンや海外で働いているエンジニアがゲストに招かれることも多く、レアな人の肉声を聴けるのが魅力。ゲームやアニメの話題も多い。

3. backspace.fm： http://backspace.fm
　一週間分のテック・ガジェットニュースを配信するPodcast。こちらも長寿番組。海外勤務のパーソナリティによる業界最前線の情報が聴ける。いつも大量の情報を配信してくれるありがたい番組。

4. ajito.fm： https://ajito.fm
　VOYAGE GROUP内にある社内BAR「AJITO」での語らいを収録したPodcast。パーソナリティの所属情報がオープンになっているので、実業務の話が具体的に聴けると人気。社外からのゲストも多数呼ばれている。

　「あれ？技術系の話あんまりしてなくない？！」と思ったそこのあなた。実はガチな技術系のトークよりも、最近プレイしたゲームの感想や日々の健康の秘訣など、いわゆる「世間話」が話されているエピソードの方が需要が高い印象があります。楽に聴き流せてくすっと笑えるものが作業用BGMとして求められているのかもしれません。

　まずはあなたのお気に入りのPodcastを探してみましょう。その次は、お気に入りのパーソ

ナリティに目星をつけましょう。エピソードごとに毎回パーソナリティやゲストが変わっている番組もありますよ。

　お勧めのPodcastですか？
　それなら、このリストの一番上の番組が一押しですよ！

‖‖

第2章 Podcastを収録しよう

こんばんは。話すのも聞くのも書くのも苦手ですが、やっていく気持ちだけでPodcastをやっている@9mことkosugeです。この章ではPodcastの収録方法についてご紹介いたします。

2.1 録音ができればなんでもいい

結論から述べますが、Podcastの録音は音声さえ録音できればどんな方法でも問題ありません。最終的に音声データのファイルサイズを小さくする必要はありますが、その手前の録音については高価なスタジオマイクでもiPhoneでも初音ミクでもOKです[1]。たとえば、声のメディアとして多数のインフルエンサーが利用しているPodcastのようなプラットフォーム「Voicy」での収録方法は、iOSの専用録音アプリ「Voicy Recorder」のみとなっています。つまり、iPhoneのマイクでの録音のみで成り立っているのです。中のコンテンツが良ければ、多少聴きづらいものであっても、本当に大きな影響というものはないといえるでしょう。Podcastをやってみたいと思っているが、まずは高価なマイクが必要と考えている方、今すぐポケットに入っているケータイを取り出して録音を開始しましょう。

とはいったものの、よいマイクを使い、静かなスタジオを利用すればするほど聴きやすいものになります。また、凝った編集も良質なコンテンツとなる要因となるでしょう。機材の凝りすぎや編集の凝りすぎは、制作の速度やコスト、コンテンツの世に出しやすさとのトレードオフとなります。続けやすく、かつ満足できるクオリティを探していきましょう。

2.2 yatteiki.fmの収録環境について

未だ試行錯誤を続けている状態ですが、現状のyatteiki.fmの収録環境についてご紹介します。

●マイク

紆余曲折ありましたが、現在yatteiki.fmのメンバーは全員Blueというメーカーの「Yeti」というマイクを利用しています。実売価格1万2千円から2万円といったところです。時期によっ

---

[1]. かわいい音声合成のPodcastも面白いんじゃないでしょうか。VTuberならぬVPodcasterみたいに。

てけっこう値段の差があります。このマイクが優れているのは、なんといってもUSBに接続するだけですぐに利用ができるということでしょう。非常に安定感のある使い心地です。また、音声の入力範囲をマイクの「正面のみ」「前と後ろのみ」「360度」に絞り込むことができるので、1人録音から、同じテーブルでの複数人録音まで、このマイク1つで対応することができます。

図: yatteikitv オールスター感謝祭で利用された Yeti マイク

●録音装置

マイクを繋いだら、録音するソフトウェアが必要です。yatteiki.fm メンバーは全員 Mac を利用していますが、この部分についてはそれぞれバラバラです。Audacity か QuickTime、GarageBand、もしくは Call Recorder for Skype、あるいは Zencastr や Audio Hijack を利用することが多いです。めちゃくちゃですね。好きなソフトウェアを利用しましょう。

●会話ツール

基本的には対面の会話ではなく、多くの回はオンラインで通話したものを録音しています。気分が乗ったときにオラッと会話開始できるのがうれしかったり、メンバーの居住地が500km以上離れていたりしていたためです。

会話ツールとしてはSkypeが無料かつ安定して高音質に行えますが、最近では自動で入力感度を調整してくれるDiscordを利用しています。会話に金銭的なコストをかけることを厭わないのであれば、ZencastrというPodcast収録専用のWebサービスの利用もお勧めできます。このツールはブラウザで開くだけで、ジングルの再生や高音質の録音を行うことができます。録音した音声はDropbox上に未編集のデータとしてアップロードされるので、好きなツールで編集することができます。執筆時点（2018年5月）での料金は$20/月です。

図: Zencastr - https://zencastr.com/

||||||||||||||||||||||||||||||||||||||||||||||||||||||||||||||||||||||||||||||||||||||||
コラム：レンタル会議室を利用してみよう

　オンラインでの収録が多いとご紹介しましたが、やはり相槌のタイミングや楽しい雰囲気づくりはどうしても対面の方が勝ります。yatteiki.fmでも、可能であれば対面で収録するという方向です。そこで便利なツールが「レンタル会議室」です。レンタル会議室の予約サービス「スペイシー」を使えば、都内主要駅から近い場所であっても、1時間数百円からという手軽さで会議室を借りることができます。スタジオほどではありませんが、会議ができる程度には静かな個室ですので、Podcastの収録にはとても相性がよいのです。

図: レンタル会議室 Spacee

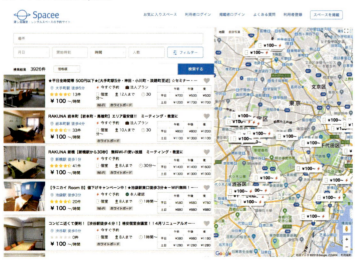

||||||||||||||||||||||||||||||||||||||||||||||||||||||||||||||||||||||||||||||||||||||||

●編集

編集作業は次の5つです。
- 黙ってしまった部分や不都合な部分のカット
- ホワイトノイズの除去
- 音量の調整
- ジングルやBGMの付加
- MP3での書き出し

サッと録ってエイッと出してしまうようにしているので、編集作業は最低限です。音量の調整以外はAudacityで済んでしまいます。本格的に編集をしているPodcastでは、Logic Pro Xなどの有償ソフトを利用することが多いようです。

○エンコード

編集時に気になるのは、最終的にエンコードすることになるファイルの形式でしょう。コーデックに関しては、MP3を利用すればまず間違いありません。Appleのヘルプページには「MP3ではなくAACを使用することを強く推奨します」と書かれています[2]が、数あるPodcastクライアントの対応を考えると、MP3を利用しないことによる問題を避けるのが懸命です[3]。

MP3のビットレートは96kbpsがお勧めです。会話を聞くためならこのビットレートで問題ありません。一般的なFMラジオのビットレートが48kbps程度であることを考えると、64kbpsでも大丈夫でしょう。128kbps以上ではファイルサイズが大きくなりすぎてしまうため、Podcastとしては実用的ではありません。

もうひとつ注意したいのは、ステレオではなくモノラルにしてください。ファイルサイズが半分になります。

このようにしてエンコードした1時間の「MP3／96kbps／モノラル」の音声ファイルは50MB以下に収めることができます。現代の通信環境であれば、このサイズでの配信が現実的です。

2.3 Discordで収録をしてみよう

yatteiki.fmでは、オンラインの収録にDiscordを利用しています。Discordとは、テキストチャットとボイスチャットができるサービスです。元はゲーマー向けとして開発されたものですが、気軽かつ無料で利用できる高品質なコミュニケーションサービスとして人気があり、OSSや仮想通貨コミュニティ、社内ツールとしてなどゲーム以外での利用が増えています。サービス自体に自動の入力感度調整やノイズの抑制機能があるため、ちょっとうるさい環境で会話をしても、声以外のノイズがかなりカットされていてびっくりします。また、テキストチャットがそのまま使えるため、Podcast運営者同士でのやりとりの場としても大活躍します。

---

2. https://help.apple.com/itc/podcasts_connect/#/itca5b22233a
3. 実は音声だけではなく、PDFやePubフォーマットを利用した、テキストベースのPodcastを配信することもできます。

図: Discord の設定画面。「自然由来の地元産で最良な」Opus Voice コーデックのみが使用されている

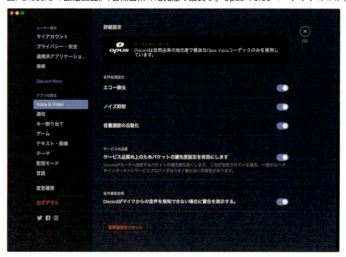

||||||||||||||||||||||||||||||||||||||||||||||||||||||||||||||||||||||||||||||||||||||
コラム：スタジオをつくろう

　これは実際の yatteiki.fm の Discord 画面です。左のカラムにテキストチャンネルとボイスチャンネルが並んでいます。中でも「スタジオ」というボイスチャンネルに注目してください。Discord では複数のボイスチャンネルを作ることができ、そのチャンネルに入室するだけで会話がつながる状態となります。スタジオ、という部屋を用意することにより、「スタジオ入っています」というような会話がなされるようになり、今誰が会話をしているのかもひと目で分かるようになります。ボイスをミュートすることにより、収録時にリアルタイムで担当パーソナリティたちの会話を横から聴いているといったことも可能です。

図: Discord スタジオ

||||||||||||||||||||||||||||||||||||||||||||||||||||||||||||||||||||||||||||||||||||||

● 会話を録音する

　Discordでの会話は、ただ録音アプリを使っただけでは録音できません。QuickTimeなどの録音アプリではマイクの入力しか受け付けないため、自分の声しか録音がされないという状態になります。この章では、Discordから出力される音声を録音する方法についてご紹介します[4]。

● SoundflowerとLadioCast

　無料で使えるのがこの方法です。SoundflowerはmacOS用の仮想オーディオデバイス、LadioCastはソフトウェアミキサーです。次の図を見ていただくと、察しのいい方はもうなんとなく音の流れを理解できてしまうでしょう。

　LadioCastでマイクの入力とDiscordの出力をミックスし、出力されるSoundflowerという仮想デバイスに対しQuickTimeなどで録音をします[5]。

図: SoundflowerとLadioCastの設定

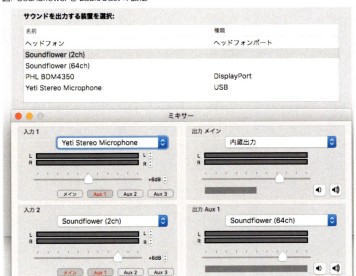

● Audio Hijackを利用する

　Mac上で扱うオーディオをタップして録音するツール「Audio Hijack」を利用すれば、かなり簡単かつ直感的に録音することができます。このアプリは有償で、執筆時点（2018年4月）では$59となっていますが、DiscordだけでなくSafariやSiri、システムのビープ音まで録音することができます。Soundflower+LadioCastの設定は少々煩雑ですが、このツールを利用できればかなり気楽に録音できるようになるでしょう。

---

4. メンバー全員がMacのため、Macの環境の解説となります。
5. Podcastのやっていきかた - http://r7kamura.hatenablog.com/entry/2016/10/31/115822

図: Audio Hijack の設定例

2.4　ジングルやBGMを流すBotを作ってみよう

　さて、せっかくDiscordを利用しているのであれば、Botに収録の手助けをしてもらいましょう。この章では、Podcastの収録中にジングルやBGMを流してくれるBotを作成していきます。ジングルとは、番組の節目に挿入される短い音楽です。コーナーの切り替え時に流れる、あれです。

　ここで作成するBotのコードはGithubに公開しています。紙面の都合上カットされている部分や、ソースコードのみ確認したい方は次のURLをご覧ください。

　https://github.com/kkosuge/discord-sound-bot

●discord.jsを利用する

　この項では、JavaScript用の非公式ライブラリ、discord.js[6]を利用していきます。Discordを扱えるライブラリは各種言語に存在していますが、音声を扱えるライブラリは限られています[7]。その中でも特に対応機能が幅広く、Herokuなどのプラットフォームに設置しやすい言語としてJavaScriptを選ぶのはよい選択肢といえるでしょう。JavaScriptの実行環境であるnodeとnpmは動作する状態と仮定します。下記コマンドにより、プロジェクトの作成と必要なライブラリをインストールします。discord.jsで音声ファイルを扱う際はnode-opusも必要になるため、これも同時にインストールしています。

```
mkdir discord-sound-bot && cd discord-sound-bot
npm init
npm install discord.js node-opus
```

6.https://github.com/discordjs/discord.js
7.Library Comparison | Unofficial Discord API - https://discordapi.com/unofficial/comparison.html

●簡単な返答をするBotを作成する

まずは簡単な機能として、Botとしてログインし、Discordにメッセージを投げさせてみましょう。

○Bot用のtokenを取得する

Botを動かすためには、Discordにアプリケーションを登録し、tokenを取得する必要があります。Discordのアプリケーション設定画面（https://discordapp.com/developers/applications/me）で「New App」からアプリケーションを新規作成しましょう。

その後、「Create a Bot User」というボタンを押し、アプリケーションをBotユーザーとして設定します。

次に「Generate OAuth2 URL」というボタンを押し、表示されるURLにアクセスをしてDiscordにBotを入室させます。

アプリケーションの設定画面に戻り、「APP BOT USER」という項目の「Token」をコピーしてください。このtokenを利用することにより、BotがDiscordにアクセスできるようになります。

○簡単な返答をするBotを動かしてみる

次のコードは、BotをDiscordにログインさせ、「ping」というメッセージに対して「pong」と返答をします。変数"token"に、さきほど取得したtokenを入力して下さい。

リスト2.1: src/reply.js

```javascript
const Discord = require('discord.js')
const client = new Discord.Client()

const token = 'xxxxxxxxxxxxxxxxxx'

client.on('message', message => {
  if (message.content === 'ping') {
    message.reply('pong')
  }
})

client.login(token)
```

DiscordのBotは、取得したトークンのみで動作させることができます。このコードではmessageというイベントをハンドリングし、メッセージのテキストが「ping」であった場合、そのメッセージに対して「pong」という返信を送ります。nodeコマンドで実行してみましょう。

```
node src/reply.js
```

図: メッセージに対して返信をする、原始的な Bot が動きました

●ボイスチャンネルに入室させる

　テキストメッセージのやりとりができるようになったので、次は Voice Channel に入室させてみましょう。Voice Channel とは、Discord の音声通話ルームです。Podcast の収録はここで行われます。さきほどのコードのメッセージ受信部分を修正し、「join」というメッセージで「スタジオ」という名前の Voice Channel へ入室、「leave」というメッセージで退出をさせてみます。message.content という部分に入ってくるテキストでコマンドを判断しているので、この部分を変更し、「やるぞ」「録ってくれ」などのメッセージにカスタマイズすると楽しくなるかもしれません。

リスト 2.2: src/join.js

```
const token = 'xxxxxxxxxxxxxxxxxx'
const voiceChannelName = 'スタジオ'
let voiceChannel

client.on('ready', () => {
  voiceChannel = client.channels.find('name', voiceChannelName)
  if (!voiceChannel || voiceChannel.type !== 'voice') {
    console.log(`${voiceChannelName} というボイスチャンネルがみつかりません.`)
  }
})

client.on('message', message => {
  if (message.content === 'join') {
    voiceChannel.join().then(connection => {
```

```
      message.reply('joined')
    })
  }

  if (message.content === 'leave') {
    voiceChannel.leave()
  }
})

client.login(token)
```

```
node src/join.js
```

図: ボイスチャンネルに出入りするようになりました

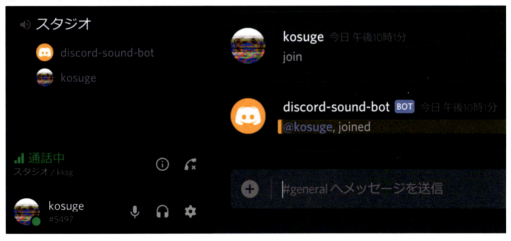

●ジングルを再生させる

　ジングルとは、番組冒頭やエンディング、コーナーの切り替わりなどのタイミングで流す短い音楽のことです。Podcast制作において、ジングルは音声収録後に編集で挿入するのが一般的です。しかし、より気軽にPodcast音声の「録って出し」を行うためには、会話中にリアルタイムで流してしまうのもひとつの方法でしょう。実際、Podcast収録用のWebサービスZencastrでは、会話中にジングルを再生するボタンがあります。これをDiscord上のBotで実現させてみましょう。

リスト2.3: src/jingle.js

```
client.on('message', message => {
  if (message.content === 'jingle') {
    voiceChannel.connection.playFile('./sounds/jingle.mp3')
  }
})
$ node src/jingle.js
```

　さきほどのVoice Channel参加スクリプトにこちらのコードを加えると、「jingle」というメッセージに反応して「jingle.mp3」を再生します。discord.jsにはVoiceConnection#playFileという音声ファイル再生用のメソッドが用意されているため、上記のコードのみで音楽の再生を行うことができます。

◯絵文字を押してMP3を再生させる

　しかし、Podcastの対話中にコマンドを打つのは少々めんどうです。もう少し気軽に、Botの投稿に対してユーザーが絵文字リアクションを押すだけでMP3を流せるようにしてみましょう。以下は「禁」という絵文字リアクションが押されたら「ピーッ」という、放送禁止用語を言ってしまった時に流れるあの音を再生します。一度押した絵文字リアクションを再度押すためには、まず押した絵文字リアクションを解除する必要があります。そのため、1人で絵文字リアクションを連打することは通常できません。しかし、このコードではBotのログイン時にBot自身に絵文字を押させることによって、連打しても消えない絵文字リアクションを作ることができます。

リスト2.4: src/emoji.js

```
// 印刷の都合上絵文字部分を「禁」としています。
// この部分を絵文字に置き換えてください。
// JavaScript のコード上にはそのまま絵文字を書き入れることができます。

client.on('ready', () => {
  const general = client.channels.find('name', 'general')
  general.send('「禁」でピーッ').then(message => {
    message.react('「禁」')
  })
})

client.on('messageReactionAdd', messageReaction => {
  const emoji = messageReaction.emoji.name

  if (voiceChannel.connection && emoji === '「禁」') {
```

```
    voiceChannel.connection.playFile('./sounds/self-regulation.mp3')
  }
})
$ node src/emoji.js
```

Discord.Clientには絵文字リアクションが押されたというイベント「messageReactionAdd」が流れてきます。これをハンドリングすることによって、絵文字リアクションに対するリアクションを実装することができます。

図: 絵文字リアクションのジングル再生ボタン

● BGMを再生させる

もちろんこういったBotを使えば、Discordの会話にBGMを流すことも可能です。通常の音声通話にいちいちBGMを流すことはまずないと思いますが、ことPodcastにおいてBGMは非常に心強い存在です。次のBotを活用することで、BGMが付いた本格的なPodcastの収録を、音声編集作業の必要なく最速で行うことができるようになります。

ジングル再生Botと同じくplayFileでMP3を再生する点は変わりませんが、会話を邪魔しないBGMとして再生させる必要があるため、volumeパラメータを渡して再生音量を下げています。また、音声をループ再生させるために、playFileで返されるdispatcherの再生終了イベントをハンドリングし、再帰を行うことによってループ再生を実現しています。「stop」とメッセージを送ることにより、現在再生中のdispatcherにアクセスし、BGMの再生を停止することもできます。

リスト 2.5: src/bgm.js

```
const mp3 = './sounds/bgm.mp3'
```

```
let currentDispatcher

const playBGM = () => {
  const dispatcher = currentDispatcher =
voiceChannel.connection.playFile(mp3,
    { volume: 0.1 }
  )
  dispatcher.on('end', reason => {
    if (reason === 'stream') {
      playBGM()
    }
  })
}

client.on('message', message => {
  if (message.content === 'bgm') {
    playBGM()
  }

  if (message.content === 'stop') {
    currentDispatcher.end()
  }
})
$ node src/bgm.js
```

　このコードを利用して、DiscordのBotに音声ファイルを再生してもらうことができるようになりました。「ジングル フリー」「BGM フリー」というように検索をすれば、Podcastで利用できる無料の音源を多数ダウンロードすることができます。ぜひこのBotを活用して、本格的なPodcast音声を簡単に収録できる環境を作ってみてください。

第3章 Podcastを公開しよう

@soramugiです。話すことは苦手ですが、聴くことは好きなのでPodcastをはじめました。楽しいですね。

ここからは収録した音声ファイルをPodcastとして公開する方法を解説していきます。本章は「Podcastについてはわかったけど、どうやって公開すればいいの？」という方を対象読者にしています。すべての公開方法を網羅的に書いているわけではないので、「すでにPodcastを公開しているが、もっと効率的な方法が知りたい」という方には物足りない内容になっているかもしれません。ですが、我々がPodcast「yatteiki.fm」を1年以上続けてきたノウハウをぎゅっとまとめた内容になっているので、これから新しくPodcastをはじめる人には十分有用な解説になるかと思います。

3.1 何が必要？

Podcastは特定のサービスに依存したものではないので、どんな環境でも自由に公開することができます。必要なものとしては

- 音声や動画ファイル[1]
- RSSフィード
- ファイルをホスティングする環境

の3つを用意するだけです。

3.2 Podcastフレームワーク

Podcastはインターネットからアクセス可能な場所にRSSフィードを置き、更新の度に手で書き換えるだけでも運用することができます。ですが、更新の手間を減らすために、Podcastのために作られたフレームワークやPodcast配信に特化したサービスを使うことをお勧めします。できるだけ楽をしましょう。選択肢としては以下があります。

- SoundCloud
- WordPress

---

1. Podcastといえば音声データだけのラジオだけを想像する人が多いとは思いますが、実は動画ファイルの配信にも対応しているんですよ。

・Yattecast

どのサービスも、Podcastの公開と共にWebブラウザ上での音声再生ページも作成されるので、使うものに悩んだ場合には、デザインで選んでもよいかもしれません。

● SoundCloud

音声ファイル共有サービスのSoundCloud。通常はユーザーが作成した音楽ファイルを公開するサービスですが、Podcastの公開にも対応しています。SoundCloudのアカウントを取得してファイルアップロードをするだけなので、もっとも簡単にPodcastを運営することができるでしょう。しかし、アップロード可能な音声の時間に上限があるので、毎週更新する場合は有料プランに変更する必要があります。長期的なPodcastの運営にはお金がかかりそうです。

● WordPress

WordPressのPodcast対応プラグインを使って公開する方法です。Podcastを配信するプラグインは複数存在していて、自分の使用用途に合った物を選択することができます。注意しなければならないのは、wordpress.comのような無料ではじめられるWordPressの場合はプラグインの使用が制限されているので、Podcastを目的とする場合、サーバーインストール型のWordPressを使う必要があるということです。VPSやレンタルサーバーに入れて使いましょう。

ちなみに、最近のレンタルサーバーは無料SSLサーバ証明書「Let's Encrypt」に標準で対応している所も多いです。https対応がすぐにできて、サーバーアプリケーションのアップデートもやってくれるので手間がかかりません。非常に楽な方法です。

● Yattecast

Yattecastは、GitHub Pagesを利用してPodcastサイトをつくるためのテンプレートです。サイトを公開するには、録音した音源と説明文をGitHubに置くだけ。再生用のプレーヤーやiTunes用のRSSフィードなども自動で用意されます。

Yattecastを使うことで、雛形を変更していくだけでWebサイトを公開でき、GitHubを利用してバージョン管理やWebブラウザからの編集も行えます。

3.3 Yattecastの使い方

この節では、前節で紹介したYattecastの使い方を、その開発者である私、@r7kamuraが解説していきます。

1. リポジトリをFork

https://github.com/r7kamura/yattecast をForkし、リポジトリ名を適当な名前に変更します。リポジトリをForkするには、GitHubアカウントでログイン後、リポジトリにアクセスし、

Forkボタンをクリックします。

2. リポジトリ名を変更

　GitHubでは、"yourname.github.io"のようなリポジトリ名にして、コードをmasterブランチに配置すると、https://yourname.github.io/でアクセスできるWebページが公開されます。ForkしたリポジトリをWebページとしてGitHubにホスティングしてもらうには、リポジトリ名を変更しましょう。リポジトリ名の変更は、ForkしたリポジトリのSettingsページで行います。

　例えばyatteiki.fmでは、yatteikifm.github.ioというリポジトリ名にしており、更にyatteiki.fmというドメイン名でアクセスできるように設定を加えています。

3. Yattecastをカスタマイズ

　Webサイトのタイトルや説明文、ヘッダー画像などは、Yattecastの"_config.yml"というファイルの内容を書き換えることでカスタマイズできます。以下が代表的な設定値です。

- title: Podcastのタイトル。ヘッダー部分やページタイトルなどに利用されます。
- description: Podcastの説明。ヘッダー部分に利用されます。
- actors: 出演者。出演者の詳細情報をここに記載しておき、各話のページではIDで出演者を参照します。
- description_long: Podcastの詳細な説明。ページ下部で利用されます。
- hashtag: PodcastのTwitterでのハッシュタグ。ページ下部で利用されます。
- itunes_podcast_url: PodcastとしてRSSを配信するURL。基本的にはhttps://yourname.github.io/feed.xmlを指定します。

　他に、ヘッダーの背景やiTunesに登録するPodcastのアートワークとして利用される画像は、images/artwork.jpgを差し替えることで変更できます。

図: 初期状態のYattecastの様子

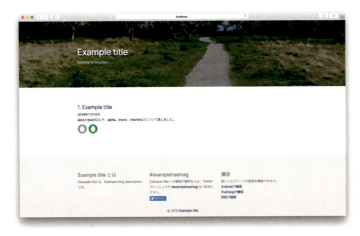

4. 音源を配置

audioディレクトリにmp3形式の音源ファイルを配置します。Yattecastでは、サンプルとして最初から空のファイルが置かれています。現時点では、Webブラウザからアップロードする場合は25MB、Gitを利用してアップロードする場合は100MBまでのサイズのmp3ファイルしか公開できないため、ご注意ください。

5. 記事を配置

_postsディレクトリに記事を配置すると、これが各Podcast各エピソードのページになります。音源ファイルと同様、こちらもサンプルの記事ファイルが置かれているので、最初はこれを上書きしましょう。

_config.ymlに記載した出演者のID、音源ファイルのパスやサイズ、収録時間、記事の公開日、記事の説明やタイトルなどを、記事ファイル上部の項目で設定できます。また記事ファイル下部は自由記述欄となっており、Markdownという形式で文章を記述できます。番組内で登場した情報のまとめや、関連リンクなどをShow notesとしてこのエリアに書くとよいでしょう。

6. 変更をリポジトリに反映

編集した内容をリポジトリに反映させると、Webサイトが更新され、コンテンツが公開されます。次回以降は、エピソードごとに記事と音源を追加していくことになります。

Yattecastは、我々が運営するPodcast「yatteiki.fm」のサイトをベースに「もっと気軽にPodcastをはじめる人が増えてほしい」というコンセプトの下開発されました。録音した音源を適当な所に置くだけでも、ラジオ番組は成立するでしょう。しかしそれだけではフィードが生成されず、「Podcast」にはなりません。Yattecastを使うと、Webブラウザ上で直接音源が聴けるページが用意されるだけでなく、Podcastを配信するためのフィードも自動的に用意されます。

それでは最後の仕上げとして、iTunesに自分のフィードをPodcastとして登録する方法について説明します。

3.4 iTunesに登録する

Podcastの一番のまとめサイトといえばiTunesの「Podcast」エリアです。このページ上にあなたのPodcast番組が表示されていれば、ユーザーはボタン一発で番組の購読をすることができますし、Podcastが更新されるとアプリを通じて最新のエピソードの音声データが自動的に手元に届きます。ぜひ番組を立ち上げた際には、iTunesに登録しておくことをお勧めします。Appleのアカウントさえ持っていれば、画像を設定してフィードURLを登録するだけで完了です。

図: 非常に簡素なページなのでわかりやすい

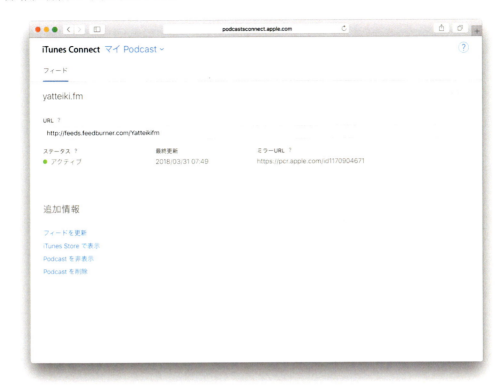

　iTunesに登録する場合にはサムネイル画像をあらかじめ用意する必要があります。サイズは最大で2000px × 2000pxです。カッコいい画像を設定しましょう。

3.5　購読者数を把握する

　Podcastは、更新があった際に自動的に音声ファイルがユーザーの手元にダウンロードされるか通知される、というシステムになっています。そのため「再生してくれた回数」を把握しておくのはもちろん、「定期的に聴いてくれている購読者数」を把握しておくことも重要です。

　購読者数はFeedBurnerを使う方法と、最近できたiTunes ConnectのPodcastアナリティクス ベータ版を使って確認する方法があります。是非設定しておきましょう。

図: yatteiki.fm の FeedBurner 購読者数

図: yatteiki.fm の Podcast アナリティクス

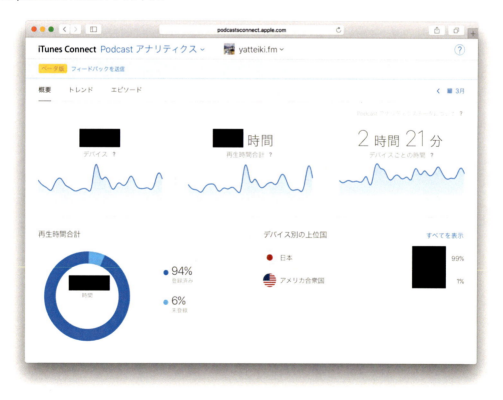

第4章　番外編：スマートスピーカーで再生できるようにしよう

第3章ではPodcastの公開方法を説明しました。本章では公開したPodcastを多くの人が快適に聴けるように、Podcastのスマートスピーカー対応について解説していきます。
Podcastは正直なところ古くて進化がないイメージが強く、新しいもの好きのエンジニア達向けにも興味を持ってもらえる"フック"が何かないかと常日頃考えていました。2017年の流行語に「AIスピーカー（スマートスピーカー）」がノミネートされたこともあり、スマートスピーカーでPodcastを再生できるシステムを作ってみました。

4.1　PodcastのAlexa再生フレームワーク、yatteskill

作ってみたものが「yatteskill」です。

図: https://github.com/yatteikifm/yatteskill

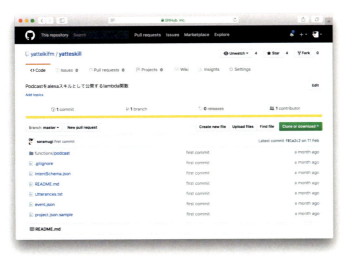

スマートスピーカーは複数のメーカーから発売されていますが、ここではAmazon echoで動くAlexaスキル（スキル＝アプリケーションという認識で問題ありません）を作成してみました。

Alexa対応にはAPIサーバーが必要になり、API実行環境にはAWS Lambdaでの実行が推奨されています。yatteskillとはAWS Lambda環境で実行される関数のことを指します。

　Alexaの公式スキルサンプルにもPodcastを再生するものは存在しているのですが、サンプルどおりに設定しても動かない、DynamoDBの使用が前提になっている、スキル再生時の起動応答文言が直書きされていて汎用性がない、Podcastのサンプルなのに FeedURLから取得することなくJSON指定のデータ取得が前提になっているのでJSONで返却するものを用意する必要がある……といった状況のため、色々と細かい調整が必要になった場合のメンテコストを考えてyatteskillを自作しました。

　では実際に使い方を解説していきます。

4.2　yatteskillの使い方

　AWSでのLambda関数を作成した後、Amazon開発者ポータルのURL（https://developer.amazon.com/）でユーザーログインを行ってください。その後、音声ファイルを再生するAlexaスキルを作成するために、本項の手順でアプリケーションIDを取得しましょう。

　Alexa Skill Kit -> Audio Playerの「はい」のチェックボックスを設定し、あとはコマンドラインから次の処理を実行してください。

```
$ git clone https://github.com/yatteikifm/yatteskill.git
$ cd yatteskill
$ cp project.json.sample project.json
$ cp functions/podcast/function.json.sample
functions/podcast/function.json

$ export YOUR_ROLE='AWSで作成したiamロール'
$ sed -i -e "s/YOUR_ROLE/${YOUR_ROLE}/g" \
project.json
$ export YOUR_APPLICATION_ID='Amazon開発者コンソールで取得したアプリケーションID'
$ sed -i -e "s/YOUR_APPLICATION_ID/${YOUR_APPLICATION_ID}/g" \
functions/podcast/function.json
$ export YOUR_PODCAST_FEED='Podcastのfeed URL'
$ sed -i -e
"s|https://yatteiki.fm/feed.xml|${YOUR_PODCAST_FEED}|g" \
functions/podcast/constants.js
```

　初期状態のままでは「yatteiki.fmを再生しますか?」とyatteiki.fm用の対話文言が設定されているので、その文言を変更しましょう。

```
$ vi functions/podcast/language.js
```

で編集可能です。

●デプロイ

デプロイにはLambdaをコマンドラインから使いやすくしてくれるツール、apexを使うのがお勧めです。npmやapexコマンドの初期設定は済ませてある前提で解説を進めます。

```
$ cd functions/podcast
$ npm install
$ cd ../../
$ apex deploy
```

これでAlexaスキルが実行できます。Amazon開発者ポータルで必要項目を埋めていけば、Alexaから確認ができるようになります。

●デバッグの方法

デバッグの方法は何種類かありますが、一般的にはAmazon開発者コンソールのページ上からテキストで発話内容を送信して確認します。

しかし、音声ファイルに対応するためのAudio Player対応形式のAlexaスキルではこのやり方では再生非対応端末としてのリクエストしか投げることができません。そのため、結局は毎回実機に向かって「アレクサ、yatteiki.fmを開いて」と自分の声を使って確認する必要があります。

毎回声を出して確認するのは大変なので、筆者はiPhoneのボイスメモに上記のセリフを自分の声で録音し、デバッグしたいときに再生ボタンを押すことにしました。

4.3　Alexaスキルの公開

端末からデバッグができる状態になっていれば、公開は1クリックで完了します。サイト上の「申請する」のボタンをクリックしましょう。

申請結果はメールで届くのですが、担当者がひとつずつ丁寧に確認してくれているらしく、「この文言は正しくない、こうしてはどうか？」「この対話ワードに対応しておくと使いやすい」などがわかりやすく提示され、修正の対応がしやすいです。

これにてPodcastのスマートスピーカー対応は完了です。お疲れ様でした。

4.4 スマートスピーカーとPodcastの可能性

ここからはスマートスピーカーについての筆者の個人的な考えを述べたいと思います。

スマートスピーカーは「スマホの次」「市場を独占するのは誰か」という想像上の未来のお話ばかりが独り歩きしている状態です。ここであえて、現状できることは思いの他しょぼいものだとハードルを下げておきたいと思います。あまり期待しすぎないでください。スマートスピーカーは、音だけで操作して、音だけで結果を受け取るだけの機器です（最近では視覚での結果受け取りにも対応しつつありますが）。できることは「Alexa ティッシュ買って」と「OK Google、部屋の電気消して」、それぐらいです。

そんな中でも、私が気に入っている使い方が1つだけあります。私はラジオが大好きなのですが、家で作業をしていたり、ゲームや読書をしている時に「Alexa radikoでTokyo FMを開いて」の一言だけでラジオを再生できること感動しました。今も部屋のAmazon Echoからラジオが再生されている状態でこの文章を書いています。

現状、筆者の環境ではラジオ専用端末のようになっていますが、気が向いた時にクリックするといった動作をせずとも、「常にそこで待機している」スマートスピーカーに向かって指示を出し、そして視覚を使わずに「音」でその結果を受け取れるという点は、他の機械には無い大きな優位性です。

この機能を使えば、誰かの空間を自分が作った音声のコンテンツで満たすことができます。目で見るコンテンツ以上に人を刺激することはないかもしれませんが、常にそこにあって、場の雰囲気を作ってくれる音空間を自由にデザインすることができるのです。

Podcast配信とスマートスピーカーを組み合わせることによって、このような楽しいコンテンツ体験を作ることができます。ぜひあなたもチャレンジしてみてください。

第5章　Podcastを続けよう

第1章では「いますぐ録音ボタンを！」と言いました。1～4章を通じてすっかりやる気になり「ぜったいPodcastやる」「でも、どうせなら最初から知識を身に着けて『強くてニューゲーム』がしたい」と考えている方は、ぜひ録音の前に5、6章を読むことをお勧めします。
本章では、Podcast配信者によくある失敗の「更新が止まってしまうこと」と、そうならないためにはどんな心構えをしておけばよいのかを解説します。

5.1　更新が止まってしまう原因とは？

　突然ですが、いきなり現実を突きつけてしまいます。リリースされたPodcastのほとんどは、3回更新すると自然消滅します。
　我々はなぜPodcastを続けることができないのでしょうか。その理由は次の2つです。
　1.「テーマ決めを間違える」
　2.「そしてテンションが続かなくなる」
　この2つの爆弾が発火すると、Podcastは更新されなくなります。
　では詳しく解説していきましょう。

●Podcastが終わる原因1「番組のテーマ決めを間違える」

　「あなたはどんなPodcastをはじめますか？」……30秒くらい考えてみてください。適当でいいですよ。
　……今あなたがPodcastを立ち上げるにあたって考えた番組企画には問題があります。その番組企画はあなたにとって、次のどちらかではないでしょうか？
　・ハードルが高すぎる
　・ハードルが低すぎる
　ここでいうハードルとは、どんな番組にするかという「テーマの難易度」のことを指します。最初のテーマ決めを間違えると、Podcastの更新を続けることが非常に困難になります。では、起こりうる状況と対策を解説していきましょう。

○番組企画のハードルは高すぎないようにしよう

　ビジョナリーのあなたは、きっと最高の企画を思いついたことでしょう。○○の情報について毎週レポートするラジオをしよう！いろんなゲストを呼んで賑やかな番組をやろう！ユーザー参加型の双方向の番組にするのはどうか？などなど。

　どうせやるならおもしろいもの、すごいものを作りたいという気持ちはわかります。あなたほどの情熱があればその企画は実現するかもしれません。でも、99%の人は1回やってそのPodcastをやめます。

　それはなぜか？答えはシンプルで、大変だからです。初回は公開できるけれど、2回目はなかなか大変です。3回目は厳しいでしょう。はじめは勢いで実現できたとしても、まず続きません。

　理想のテーマを掲げることも大事ですが、あなたに合ったテーマを決めることも大事なのです。ハードルの上げすぎには注意しましょう。

○だからといって、ハードルは低すぎないようにしよう

　では逆に、あなたが究極のリアリストだった場合、きっと限界まで番組企画のハードルを下げるでしょう。気楽にやるくらいがちょうどいいよ、日常にあったことを話せばいいんだよ、ゆるくやろうゆるく……というテンションでPodcastをはじめたとします。

　残念ながらその場合、ほとんどの場合2回か3回で話すことが無くなり、番組が自然消滅します。なぜなら、ハードルを下げれば下げるほど番組はフリースタイルな即興トーク番組になっていき……我々素人のトーク力では番組を継続することが非常に難しくなるからです[1]。

　Podcastにおいてのみ、ハードルの下げすぎは後々のあなたの首を締めることにつながります。

○番組テーマは重要です

　自分は話が得意ではないし、持ちネタもそんなに無い。でも、誰かに質問されれば答えることはできるはず。「相方を作って、2人のフリートークをお届けする番組にすればいいのでは？」と思ったそこのあなた。おっしゃるとおり、1人よりも2人の方が話しやすいです（壁に向かって話すよりも、誰かに向かって話す方がよっぽど簡単ですからね[2]）。しかし、相方さえいればすべてそこそこうまくいくという考えは、あなたがイメージしているような――知的好奇心にあふれ、誰かの人生にとって価値があり、巷で大人気の！――Podcastを作るには、厳しいようですが少し見積もりが甘いでしょう。

　それでは、番組テーマを決めないまま、ハードルを限界まで下げて「とりあえず何か話す」2人のPodcastの収録現場を想定してみましょう。

---

1. こちとら大阪梅田の出身、口から生まれたべしゃりの名人、道頓堀流せたるわ、という方なら大丈夫ですが
2. ちなみに3人以上で収録するのはお勧めしません。会話の仕切りは我々が考えるよりもずっと難しいです（ほとんどの場合1人が空気になる）。トーク番組の司会の人ってすごい……

> A「それじゃあ、普段あなたが習慣にしていることはなんですか？」
> B「んー、毎朝カフェに行って、写真を撮ることです」
> A「それはなんで？」
> B「え〜〜と……」
> B「(ほらほら、はやくなんかしゃべってよ！)」
>
> A「えーっと、いや、なんとなくって感じかなぁ」
> B「へ？　そ、そうなんですね……そっかぁ……ふ、ふ〜〜ん」
> A「……」
> B「……」
>
> A「何か言えよ……」
> B「言えるわけないじゃん！あんたこそちゃんと何か言ってよ！そんなコメントどうしようもないじゃん！」

　やれやれ系主人公と元気系幼馴染みの日常系アニメみたいなシーン、失礼しました。おしゃべりが大好きなティーンエイジャーでも、いきなり質問されて「番組みたいに」うまく答えられる人なんていません[3]。

　質問だけでおもしろい会話ができるわけではないことは、「合コン攻略本」や「雑談のコツ」、「盛り上げる会話のつくりかた」といった本が飛ぶように売れていることからもわかります。[4]本当の意味での「フリー」なトークを見切り発車ではじめるのは非常に難しいのです。

　とりあえず何も決めずにゆるくやろうよ！というのは、実はかなり上級者向けです。先程の例で言えば、たとえばフリートーク系の番組であるなら、AさんとBさんは収録をはじめる前にまず番組のテーマを設定すべきでした。具体的には、普通の会話に対して「○○の視点だとどうだろう？」とメタコミュニケーションができるテーマがあると会話が盛り上がります。現役エンジニアとして、退役エンジニアとして、マネージャーとして、ワナビとして、などなど。第6章でも触れますが、○○なフリートーク、というテーマ決めをしておくのがお勧めです。

　テーマ決めを間違えて、ハードルが高すぎたり低すぎたりすると、ちょうど3回目くらいで限界が来ます。身の丈にあったテーマ設定をすることが、3日坊主の壁を乗り越えるコツです。

●Podcastが終わる原因2「テンションが続かなくなる」

　やはりテンションは大事です。これが下がると何も続けることができません。Podcast活動

---

3. みなさんが無意識のうちに設定しがちなテーマに「ラジオ番組みたいに」したいというものがあるのですが、そのテーマはめちゃくちゃハードルが高いことにお気づきでしょうか
4.「ご趣味は？」「週末は買い物を……」「そ、そうなんですね……そっかぁ……ふ、ふ〜〜ん」

において、テンションが下がる原因は次のふたつです。

・リスナーがいるのかわかりづらい
・自信が持てなくなってくる

それでは解説していきましょう。

○リスナーがいるのか不安になるけど、めげないようにしよう

　残念なことに、Podcastはリスナーからの反響がわかりにくい活動です。リスナーの耳にはちゃんと届いているのに、「誰も聴いてないのでは」と早合点してしまい、自分でテンションを下げてしまうこともあるでしょう。もちろんAnalyticsでざっくりした再生数を確認することはできます。第3章で説明したyattecastを使っているのであれば、サイトのPV数を再生数に足し込めばよいでしょう。

　しかし残念ながら、iTunes経由で音声データがユーザーの手元にダウンロードされた後、本当に聴かれているのかは誰にもわかりません。ウェブの場合は、何分間聴いてくれたのかも怪しい……。我々の心にじわじわと効いてくるのは、上記のように「定量的な分析が可能と見せかけて、その実はっきりとした数字がわからない」ことで、「コンテンツが届いている実感」を感じにくいという点にあります。

　でも、聴いてくれる人はいるのです。可視化されていないだけで、Podcastはあなたが想定しているよりも2〜3倍多くのリスナーに視聴されています[5]。それを知らずにいると、せっかく公開したのに反響がない！なんだこれ！やる意味ないじゃん！と感じてしまい……番組は第3回で自然消滅してしまいます。

　Podcastを配信し、そのURLをSNSに流していれば、熱心な人間が必ずひとりは聴いてくれているものです。少なくともあなたがすでにSNSをやっていて、botでないフォロワーが数人以上いるのであれば、「誰も聴いてくれない！」という状態は絶対にありえません。なぜならば、肉声をアップロードする行為は簡単なのに、他の人はやろうとしないし、なかなか真似できるものではないからです。

　あなたのフォロワーは、あなたという人間に興味があってフォローしてくれたはずです。決して「1回やって反響が無いから止めよう」という判断はしないでください。あなたの更新を楽しみにしている人は必ずいます[6]。

　「Podcast配信は虚空に向かってやるようなもので、リスナーは可視化されないものなんだ」と前もって考えておくだけで、反響の少なさに対するモチベーションの低下を事前に防ぐことができます。誰が聴いてくれているのか。誰が感動してくれているのか。誰が楽しみにしてくれているのか。大丈夫です。あなたのマイクの先には確かにリスナーがいます。安心してください。

---

5. Podcastあるある：「え！？聴いてたの！？うわ恥ずかし〜！言ってよ〜！」がダース単位で発生する。言ってよ……
6. 最近のインターネットに蔓延している「バズらないと/バズっていないと意味が無い」といった発想は、インターネットの豊かさを台無しにするだけでなく、私たちの人生の可能性を狭めるものだと筆者は考えます。やりたいという気持ちを自由に形にすることができ、そしてそれが許されるのがインターネットの良い所ではないでしょうか

○自信が持てなくなるが、とにかく続けよう

ただ、そんなことよりも、あなた自身が自分で感じてしまう「うまくできなさ」の方がよっぽどモチベーションを下げてしまうかもしれません。「なんだか思っていたのと違う」「おもしろいものを作れていない」「満足がいくものが出せていない」と感じたとき、人はどんな気持ちになりますか？きっとあなたにも身に覚えがあるはずです。

サルでもできると書いてあったのにできなかったあの頃。ギターさえ買えば長門有希になれると思っていた青春時代。簡単にできると思っていたのにぜんぜんうまくいかなかったときのあのしょんぼり感。何かをはじめようとして、そしてやめてしまったときの思い出には「期待していたよりもうまくできてない」「自信が持てなくなった」という気持ちが生まれていたはずです。

これればかりは、慣れと練習しかありません。けれども、Podcastにおいては「番組を継続していく」だけで、モチベーションや自信を下げることなく自然とスキルを上達させることができます。コンテンツを完成させることが簡単なので試行回数を増やしやすいですし、継続すれば自然と購読リスナーやエピソード再生数も増えていくからです。

これこそがPodcastをお勧めする大きな理由のひとつです。すべての要素を着実に、そして自動的に積み上げることができるのは、他の表現活動には無い大きな特徴でしょう。

5.2 あらゆる問題の解決策は「継続」

Podcastのいい所は「1度気に入ってもらえれば、過去のコンテンツも再生してもらえる」ことにあります。たまたま出会ってくれた最新回だけでなく、大体の人がズルズルと過去回も再生します。つまり、ひとつひとつのエピソードの力が弱くても（バズらなくても！）継続すればするほど番組としてのコンテンツ力が高まっていくのです。もちろん継続していけば、自分のトークスキルも高めることができるでしょう。最初はうまく喋れなくても、4回くらいやればかなり慣れを感じるはずです。

自分のモチベーションをキープし続ければ、更新を続けることができる。そうすると経験値が溜まっていって、コンテンツのクオリティが上がる。自分の成長を感じることもできるし、リスナーにもっとおもしろいものを提供できるようになる。すると反響が来て、もっとやろう！という気持ちになる……。

こんな理想の状態、ポジティブスパイラルに持っていければいいなと思いませんか？この流れは、ことPodcastにおいては「継続」することだけで確実に実現できます。

5.3 継続のためにあなたに合ったテーマ設定をしよう

前述したとおり、最初のテーマ設定を間違えると、このスパイラルは反転します。

Podcastをはじめるが、自分に合っていないハードルの高さで番組をはじめてしまったため、なんだか「うまくできてない」気がする。楽しさを感じられず番組を続ける気持ちがなく

なっていく。すると更新頻度が落ち、エピソードが増えないのでいつまでたっても番組としてのコンテンツ強度が低いまま。リスナーも増えないのでテンションが下がってくる。もちろん、回数をこなさないのであなたのトーク力も低いまま。なんだか「うまくできていない」気がする……。そして第3回で自然消滅……。

　このネガティブスパイラルが理解できたでしょうか？ことPodcastにおいては、自分の気分を損ねないように気を遣いつつ、ただ「継続」さえすれば大体の問題が解決します。

　しかしやはり最初のテーマ設定を間違えると、うまくスタートを切ることができなくなってしまいます。とにかく何かをはじめるんだ！と、はじめの1歩を踏み出すのは正義ですし、もっとも尊重されるべき行動です。しかし、2歩目、3歩目のことを考えるのも、あなたの楽しいPodcast活動にとっては大事なことです。

　ここで大切なポイントは、「どうやったらおもしろいPodcastができるかな？」という話をはじめるのではなく、あくまでも「どうやったら私は続けられるかな？」という発想でPodcastのテーマを考えることにあります。

　業務としてPodcastをやるのであれば、上司に宣言した期間が来るまでは――もしくは、予算を食いつぶすまでは――番組を続ける必要があるため、どんなにやる気がなくなっても半強制的に番組は継続されます。しかし私たちが挑戦しようとしているのは「趣味としてのPodcast」です。モチベーションが無くなりテンションが下がればすぐに続けられなくなります。繰り返しになりますが、このゲームは続ければ勝ちです。継続できるテーマ設定を考えていきましょう。そして、無限の成功が約束されたスタートダッシュを決めましょう。

　それでは次章からは、あなたが番組を継続できる、あなたのための最高の番組企画をいっしょに考えていきましょう。

第6章 Podcast番組企画を立てよう

最後に「自分はどんな番組なら継続できるか？」という発想で、あなたのPodcast番組企画を筆者といっしょに考えていきましょう。Podcastは継続が大事、そのためにはあなたのモチベーションを高めるポジティブスパイラルを生むような、ちょうどいい番組テーマではじめることが大事。前章では繰り返しそう述べてきました。

本章ではついにその答えを探っていきます。番組をはじめてから「Podcast向いてないのかも……」と感じてしまうという、悲しくそしてもったいない事故が起きないよう、我々がPodcastを配信するにあたってたくさん失敗してきた知見をぜひ活用してください。

この章をクリアできれば、完璧な番組企画ができあがっていると言っていいでしょう。人気Podcast間違い無しです。

6.1 あなたの企画は大丈夫？チェックリスト

ここまでくれば「私はこんな番組をやろうかな？」というアイデアがなんとなくイメージできた頃合いかと思います。それではその企画が本当に「あなたが続けられるような、ジャストフィットな企画か」を確かめましょう。番組のアイデアを思い浮かべながら、次の10問の質問に答えてみてください。8つ以上✓がつくようでしたら何も問題はありません。どうぞ！

図: あなたの企画を思い浮かべながら、質問に✓で答えてみよう

No.	質問	チェック	合計
1	そのテーマについて話したい/話せることがパッと3つ思いつく		
2	そのテーマについて5日に1回くらい考える		
3	そのテーマは客観的に見てマニアックすぎてはいないと思う		
4	そのテーマは楽しく笑い飛ばせる内容であり、悲壮ではない		
5	そのテーマの番組を取り組むにあたって、毎日の生活の大部分の時間をPodcast活動のために捧げる必要がない		/10点
6	【パーソナリティが一人の場合】会社オフィスでないと録音できない等、収録場所に縛りが発生しない 【パーソナリティが二人以上の場合】相方と収録する際、Discord越しのリモート収録でも支障は無い		8点以上取れたら心配ありません!
7	台本の用意や収録のセッティングなど、準備にたくさんの時間がかからない		
8	パーソナリティ以外でそのテーマを話せる/話したがる人が身近にいる		その企画で、今日からPodcastを始めちゃおう!
9	その番組テーマを1文で他人に説明できる		
10	なんなら今この場で、第4回までざっくりエピソードのお題と台本が書ける		

いかがでしたでしょうか。これらの質問は、「その企画は無理なく続けられるか」というポイントに絞られています。何を隠そう、我々がPodcastを続けていくにあたってぶつかった障害、起こりやすい挫折フラグを質問に盛り込みました。もし✓が7つ以下でしたら、その企画には現時点のあなたに合っていないのかもしれません。

おっと!ここでゲームオーバーではありませんよ。これから一緒に✓が8個以上になるような企画を考えていきましょう。そのために本章があるのですから。

本書を読み終えた後も、何度でもこのチェックシートを使って企画の確認をしてみてください。

6.2 Podcastのおもしろさの本質

具体的な企画を考えはじめる前に、まずは誤解を解くための"目線合わせ"をさせてください。
Podcastの魅力の本質はなんだと思いますか?
ギャグのおもしろさ?話される内容の新規性?……残念ながら違います。身も蓋もないことを言いますが、次の3つです。

1. トーク内容がおもしろいか
2. パーソナリティのキャラクターが魅力的
3. 楽しそうな雰囲気

このうち、もっとも大切なのは「3. 楽しそうな雰囲気」です。残り2つはオマケみたいなも

のです。それでは1つずつ解説していきましょう。

● トーク内容はおもしろくなくていい

　1つ目。トーク内容のおもしろさはPodcastの魅力の10%くらいでしょうか。これは真っ先に誤解しやすいポイントですが、「トークのおもしろさ」はあまり重要ではありません。内容なんてどうだっていいのです。それに、内容は時間さえあれば企画力と準備でどうとでもなります。すべて台本化しておけばよいのですから。(アドリブで望む場合はトレーニングと慣れが必要かもしれませんが)

● パーソナリティのキャラクターの魅力を出そう

　2つ目。パーソナリティのキャラクターはそこそこ重要です。魅力的な語り口、人間くささ、謎の固執、パッション、などなど……。Podcastはパーソナリティの人間としての魅力、つまり人格を消費するコンテンツともいえるからです。

● 楽しそうな雰囲気を作ろう

　最後に3つ目。「楽しそうな雰囲気である」ことがもっとも大切です。音声コンテンツは基本的に聞き流されるものです。聞き流されつつ、無意識下で聞かれている。そこで消費されているのは会話の小気味よいテンポ感や盛り上がり、安心感などの「番組の雰囲気」です。

　パーソナリティが複数人の場合は彼ら/彼女らの仲が良く、話しているだけでとても楽しそうな空気であることが望ましいです。「きゃっきゃっ」という擬音が飛んでいそうな会話ができる場を目指しましょう。一人語りの場合は、パーソナリティが本当に話したいことを楽しそうに話せているのが理想です。そういった「雰囲気」こそが聞き手を楽しませるPodcastの本質です。

　お気づきのとおり、会話の雰囲気がよいということは、その時点でパーソナリティの魅力的な人格も表現されているといえます。「3. 楽しそうな雰囲気」さえ実現していれば、自動的に「2. パーソナリティのキャラクターが魅力的」もクリアされるのです。番組としてユニークな情報やおもしろいトーク内容が展開されていなかったとしても、楽しそうな雰囲気を心がけるだけでユーザーを楽しませるコンテンツとして100点満点中80点以上が取れるでしょう。

　Podcast番組とは、他人同士のコミュニケーションを盗み聞きして楽しむものです。コミュニケーションの過程には、話し手と聞き手の人間性や趣味嗜好、性格が色濃く出てしまいます。やはりPodcastとはパーソナリティそのものの人間的魅力を消費するコンテンツなのです。

　相方と共にPodcastを行う場合は、テニスのダブルスをイメージしていただくといいかもしれません。2人で「最高のペア」を目指しましょう。お互いにリスペクトや信頼があり、なかよしな関係。そういった2人の会話を聴けるのはとても魅力的なことだと思いませんか?

　残酷なことをいえば、パーソナリティ同士の仲がよくないと、どんなに頑張ってもPodcastはおもしろくなりませんし、続きません。なぜなら、パーソナリティ自身が「話していてつまらない」からです。

もしあなたの近くに「この人と話すとめっちゃ楽しいな」という人がいるなら、ぜひPodcastに誘ってみてください。きっと普段している会話をそのまま配信するだけで、喜ぶ人がたくさんいることでしょう。

Podcastは「単体のコンテンツがバズる」といったメディアではないので、じっくり長いスパンで魅力を伝えていくことが重要です。そのため、おもしろいPodcastにしよう！という気持ちで企画に取り組むのは、正直的外れかもしれません（むろん意味はありますが、本質ではないですね）。

どんな企画なら自分が楽しく続けられるか、そして自分の魅力を表現できるか、という気持ちで取り組むのが何よりも重要です。繰り返しになりますが、このゲームは続ければ勝ちです。

6.3　自分はどんなジャンルが向いている？パラメータを確認しよう

お待たせしました。それではあなたにぴったりの企画を考えていきましょう。まずは自分の胸に手を当てながら、次のアンケートに答えてみてください。後ろのページに登場する「Podcastのジャンル解説」はネタバレになるので、アンケートに答えた後に見てくださいね。

はやる気持ちがぐっと抑えて、まずはプレーンな状態で質問に答えてみてください（そうしないと意味がないので）！騙されたと思ってレッツトライ！

図: 質問を見て、自分に当てはまっているものに✓をつけよう。直感で！

分類	質問	チェック	合計
A 適性	自分のツイッターのフォロワーが1万人以上いる		/5点
	フォロワー1万人以上の人間をPodcastの相方にできる		
	自分のツイートをいつもlikeしてくれる人が10人以上いる		
	仕事以外の特定の分野で名前が売れている		
	有名企業に務めており、その肩書を公開している		
B 適性	毎日/毎週、特定の分野のニュースを必ずチェックする習慣がある		/5点
	こまめに情報を調べてまとめる時間的余裕がある		
	コツコツタイプだ		
	小学生のとき、夏休みの日記を毎日書いた		
	ニュース/アンテナサイトが好きだ		
C 適性	特定のジャンルの知識に詳しい		/5点
	特定のジャンルの知識を定期的にアップデートしている		
	人に何かを説明するのが得意だ		
	企画にうってつけなキャッチーなテーマに心当たりがある		
	Podcastの相方にできる、素直でリアクションの良い人間の心当たりがある		
D 適性	仕事/プライベートで友人が多い		/5点
	自分と周りのスケジュールの調整が苦手ではない		
	〆切は守れる方だ		
	人のおもしろい所を引き出すのが得意だ		
	人に質問するのが得意だ		
E 適性	仲の良い友達がいる		/5点
	これについてならいくらでも話せるというテーマがある		
	自分の語り口はいいと思う		
	あるテーマや題材、趣味に継続的に取り組んでいる		
	何かの専門職である		
F 適性	声優を目指している/目指していたことがある		/5点
	良い声だと言われたことがある		
	実はとくに何も話したいことが無い		
	著作権の無いいい感じの文章コンテンツに心当たりがある		
	演技が上手い方だ		

記入は終わりましたか？それではA〜Fそれぞれの合計✓数をあなたの点数とし、次の六角形にマッピングしてみてください。

図: あなたの適性を可視化するレーダーチャート

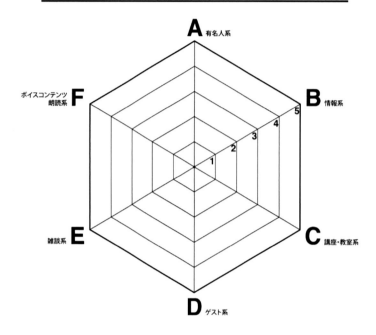

このレーダーチャートは、これから解説するA〜FのPodcastジャンルに対するあなたの適性を示しています。あなたに向いている/向いていない番組企画がどんなものなのか、ひとつずつ解説していきましょう。点数が高いアルファベットは何でしたか？「なるほど！確かにこういう番組だったら自分に向いてそうだ」という発見があるはずです。

6.4 Podcastパターン別分析

それでは、あなたに向いている番組テーマを見つけるために、世の中にはどんなPodcastがあるかを解説していきます。先ほど答えていただいたアンケートのアルファベット6つは、次のA〜Fの6パターンに対応しています。

各ジャンルの解説の下に、具体的な企画たたき台を添えておきます。ぜひあなたの番組の参考にしてください。

A. 有名人系Podcast

　「○○業界で有名な人がパーソナリティをやっている番組」です。民放ラジオでもお笑い芸人のラジオが人気ですが、これは番組の内容のおもしろさというよりも「普段はテレビに出ている人が、ラジオで本音や日常のあれこれを話してくれる」という特別感が魅力の本質であるといえるでしょう（もちろんトークが上手な方もたくさんいます）。有名起業家、有名エンジニア、有名クリエイターなどが出演するだけで、その人のフォロワーがリスナーとしてごっそりついてくるのがこのジャンルです。正直なところ、みなさんがもっともよく聴く番組はこのジャンルかもしれません。

▼Aの叩き台企画：「○○の日常」

　有名人のあなたが、考えていることや読んだ本などを話すだけでコンテンツになります。いわゆるチートです。

B. 情報系Podcast

　なんらかの最新情報やニュースをお届けする情報番組です。通勤中や作業中に情報を聞きたい、テキストよりも音声で情報を発信してくれると助かる！という需要は大きいですし、キャッチコピーが「○○情報をお届け！」というものになるので、Podcastアプリ上での見栄えも良いでしょう。普段から特定のジャンルの情報を追うのが好きな方でしたら、この番組をはじめるのが一番簡単かもしれません。ブログやメルマガ、ニュースアプリなどでキュレーションされている情報を焼き直しするだけでも充分番組の存在価値になりえます。

▼Bの叩き台企画：「○○界隈今週のニュース」

　はてなブックマークのホットエントリー、運営堂などの情報メルマガ、そしてまとめサイトのニュートピ！の3つを見て、特定ジャンルのニュースの中であなたがピンと来たものを毎週5つ紹介してください。読み上げるだけでもOKです。わざわざサイトを見に行くのはめんどくさいので、音声で伝えてくれれば楽だ……と考える人はたくさんいます。というか、ラジオってそういうものですよね。

C. 講座・教室系Podcast

　パーソナリティが先生役となり、特定のジャンルの情報をレクチャーしてくれる番組です。「B. 情報系」とは異なり、最新の情報を扱わなくてもいいのがポイントです。英会話教室やビジネス講座、果てはお勧めPodcastの紹介など、パーソナリティが得意・詳しいジャンルを

紹介する「解説番組」がこのジャンルになります。先生役と生徒役の2人体制で番組をすると、きれいにまとまる傾向があります。

▼Cの叩き台企画：「バズシードジャパン」

伊○家の食卓に取り上げられた昔のネタや生活に役立つ知恵を、片っ端から集めて紹介してください。番組キャッチコピーは「このネタをいい感じにツイートすれば、あなたの通知も止まらなくなる！」です。ネタ元としての地位を確立させましょう。

D. ゲスト系Podcast

いろんな人をゲストに呼んで、その人にスポットライトを当てていく番組です。「○子の部屋」的なテレビ番組を想像していただくとわかりやすいでしょう。このジャンルの良い所は、ゲストの人気をそのまま番組のコンテンツ力へと変換できるところにあります。パーソナリティ本人にコンテンツ力が無くとも、ゲストを呼んでくる力とゲストの魅力を引き出す力さえあれば、一躍人気コンテンツを作ることができます。毎回ゲストを呼ぶのもアリですが、普段はメインパーソナリティで回しつつ、たまにゲストを呼んでテコ入れをする……というやり方が一般的かもしれません。「C. 講座・教室系」との組み合わせで、各界のキーマンをゲストに呼んでビジネス講座を展開してもらう番組などもPodcastランキングで人気です。

▼Dの叩き台企画：「○○OB会」

あなたの所属している/していた会社・業界・大学のOBを毎回ゲストとして呼んで、あの頃の思い出話や今現在の世間話などをしましょう。ゲストの声かけがしやすいですし、呼んだゲストが次回のゲストを紹介してくれることも多いはずです。共通の話題もありますし、トークのネタにも困らない企画です。

E. 雑談系Podcast

誰にでもできますが、極めるのが難しいジャンルです。読んで字のごとく、パーソナリティの雑談を展開するフリートーク番組です。大体の場合、番組を通して何かひとつテーマが設定されており、そのテーマに沿った雑談をワイワイ話す……という形が一般的です。ニコニコ動画の生主出身の方など、トーク力に自信がある人が輝く場合もあるでしょう。あくまでも雑談ですので、トークの内容よりも雰囲気や世界観、パーソナリティ個人のキャラクター性や関係性など、Podcastの魅力がもっとも顕著に表れるジャンルでもあります。

▼Eの叩き台企画：「今週のエモシーン」

　パーソナリティが今週見たアニメの中の「グッときた」シーンを、お互いにプレゼンし合うという番組です。「今期」にしてしまうと1年に4回しか収録できず、また話題のターゲットが広がりすぎると話しづらくなってしまいます。あくまでも「今週の」という枠の小さな話題からはじめていき、過去に放送された別作品の思い出話や妄想トークなどを展開しましょう。

F. ボイスコンテンツ・朗読系

　大人気Podcastジャンルのひとつです。古典名作の朗読や英語劇、ボイスドラマなどの「ドラマCD」的なコンテンツ、声真似系番組（これは「E. 雑談系」の色が強いですが）など、トークを主軸としないジャンルです。もしあなたに適性があるなら、いま市場で提供されていない読み上げネタを見つけるだけで大勝利する可能性があります。YouTube Liveやツイキャスといった生放送配信界隈で一般的に行われている声ネタコンテンツを、Podcastに輸入してくるだけでもよいかもしれません。可能性は無限大です。本書ではメインに触れませんでしたが、ぜひワンチャン狙ってみてください。

▼Fの叩き台企画：「今日のおはよう一句」

　古今和歌集・新古今和歌集の中から1首を選び、毎日朗読しましょう。時間にして10秒足らず。このタイプの企画に適性がある方のポテンシャルを活かすために、なるべく企画的・言語的な発想を使わず、ただ声に出して読むだけで番組が成立する企画になっていることがポイントです（なぜなら、声の良さだけで攻めるから）。受験生、趣味人、高齢者、イケボ好きなど広範囲のターゲット層を狙いつつ、高頻度な更新をお手軽に実現していきましょう。

　あなたのパラメータが高い番組ジャンルは何でしたか？叩き台企画と合わせて、自分ならどんな番組ができそうかもう一度考えてみてください。

図: 筆者の適性レーダーチャート

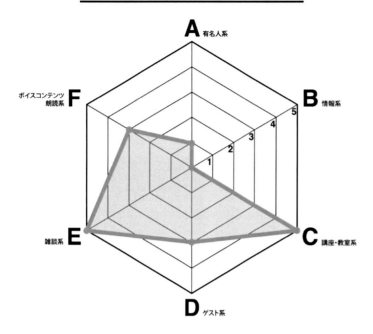

　ちなみにこれが筆者の適性です。
　CとEが跳ねているので、メインパーソナリティを担当させるのがよさそうです。好きなことを喋らせておきましょう。
　Dのポイントもあるので、たまにゲストを呼んで盛り上げ施策をやっていきましょう。
　Fが少しあるので、自虐ネタや感情爆発系、ちょっとした小芝居など、積極的に自分をネタにしていく"お約束"をつくりましょう。
　一方、Aのポイントが少ないので、「何も考えずに適当にやっとけばいいでしょ」といった意識は持たない方がよさそうです。タレント力ではなく、番組で勝負していきましょう。
　Bのポイントは致命的にありませんので……「今週のニュースを紹介！」みたいな企画は確実に挫折しそうですね。やめておきましょう。
　となると……たとえば筆者がPodcastをはじめる際には、「なかよしインターネッツラジオ」的なタイトルの番組がよいかもしれません。番組の主題を示す単語を入れつつ、ビジネス的なノリではなくふざけた方面だというニュアンスを表現したタイトルにしてみました。インターネットをメインテーマにした雑談で、メディア論とかコミュニケーション論みたいなものを混ぜた番組です。
　「Vtuberに本気の恋をしてしまった。中の人がネットで特定されているということを聞き、自分の中に悲しみの気持ちが生まれていることに気付いた。僕が好きだったのはあくまでキャラ

クターとしての彼女だったんだ。もう彼女を今までと同じように見ることはできない。こんな悲恋を経験するのなら草や花に生まれたかった。僕のこの気持ちだけはバーチャルじゃないと思ってたのに」とか適当な話を泣きながら話す番組であれば、筆者は続けられそうです。パラメータどおりですね。

　このように、適性ジャンルをヒントにしつつ、あなただけの番組企画を考えてみてください。どんな企画なら行けそうですか？
　パラメータが低いとPodcastできないの？ということではありませんのでご注意ください。あくまでも「どの方向がよさそうか」の見当をつけるのが大事という意図の下、アンケートは作成されています。絶対的なポイントの数よりも、相対的にどのポイントが高いかだけを見てください。「ポイントが高い方向の企画に寄せた方が、3日坊主で終わらないんだな」という見当をつけましょう。
　もちろん、最初からすべてがうまくできるわけではありません。しかしやればやるほど確実にうまくなっていきます。
　あなたに合った企画で番組をはじめることができれば、「やる→うまくなる→コンテンツ力が上がる→リスナーが増える→もっとやろうという気持ちになる」のポジティブスパイラルにスムーズに移行することができます。耳にタコができているかもしれませんが、Podcastは「継続」することで全ての問題が良い方に向かう特殊な活動ですからね！

　おつかれさまでした！素晴らしい企画は思いつきましたか？なぜなら、もうあなたを阻む障壁は何もないからです。無限のポジティブスパイラル、Podcastの世界へようこそ！あなたの配信を全世界が待っています。
　番組をはじめたら、こっそり教えてくださいね。D適性が高かったという場合は、ぜひ筆者をゲストに呼んでください。あなたの番組を聞くことができる「明日」を楽しみにしています。

あとがき

　いかがでしたでしょうか。同人誌を出版してみたい、そのような話をPodcastのメンバーに話してみたことからこの本は生まれ、技術書典シリーズとして出版していただけることになりました。そもそもyatteiki.fm自体も「Podcastやったらおもしろいんじゃない？」という話を、このメンバーに話したことからはじまりました。自分ひとりだけではここまで進むことはできなかったでしょう。

　みなさんも、やっていけそうな人が周りにいたら、まずはやってみたいことを話してみることをおすすめします。たぶんやらないよりもやる方が、良いことがあると思います。（kkosuge）

　コンテンツとは、人の時間を使うものだと思います。コンテンツを作るためには時間が必要ですし、できあがったコンテンツを消費するためにも時間が必要です。その時間が終わった後に「最高な時間だった」と思えればよいのですが、「別の事に時間を使えばよかったな」という気持ちが生まれてしまう可能性があるかと思うと、少し怖い気がします。

　しかしPodcastは、作るにせよ聴くにせよ、たくさんの時間を必要とするコンテンツではありません。気軽に公開することができますし、何かをしながらついでに聴くことができます。

　なるべく簡素に、簡潔に、早めに済ませて、パッケージングして、公開して、反省点を考えて次に活かす。しかも早いサイクルで——それができるのがPodcastの良い所です。胸を張っていきましょう。（soramugi）

　とりあえずやってみようと面白半分で始めた我々のPodcastも、気付けば収録話数は数十話を超え、どういうわけかPodcastの本をつくるまでに至りました。我々はどちらかというと職人気質な方で、話すのが得意な人間の集まりではなかったし、何か面白い話ができそうという自信があるわけでもありませんでした。それでもここまで上手く続けられたのは、人よりも少しだけ面白いことをやりたいという、自分の中の好奇心に従ってきたからだと自分は思っています。

　録音された自分達の声がインターネットに公開され、知らない誰かが聴いているという面白さを、皆さんもぜひ体験してみてください。（r7kamura）

　この本で伝えたいメッセージはたったひとつ。「あなたもいますぐPodcastをはじめて、楽しい毎日を過ごそうよ！」

　本書にはyatteiki.fmの運営を通じて蓄積したノウハウや発想をすべて詰め込みました。5章で「Podcastの楽しさの本質は継続」を、6章で「継続するための企画発想」を解説してみましたが、いかがでしたでしょうか。私のディレクターやプランナーとしての性質が色濃く出ていると思います。ぜひ活用していただければ幸いです。Podcastについてのご相談などありましたら、お気軽にご連絡ください。

　個人プロジェクトで大切なのは実現性と継続性だと思っています。

本書を手に取った方の人生に新しい変化が生まれることを祈って。

P.S. Podcastのネタに詰まったらぜひ私をゲストに呼んでください。たとえばそうですね……。第4回目のタイミングとかいかがでしょう？あなたのオファーを楽しみにしています。（itopoid）

●編者紹介

YATTEIKI Project

「すべての"やっていき手"を応援する」をコンセプトにした、若手エンジニア・クリエイターたちによるインターネットプロジェクト。
ものづくり、仕事、生活などの話題を中心に、いま現在"やっていっている"人たちが話す、やっていき手のためのラジオ「yatteiki.fm」の配信を中心に、ネット生配信番組「yatteikitv」の放送やプロダクトデザインなどを行う。企業からのPR施策・プロダクト制作依頼にも応える。
URL: https://yatteiki.fm/
お問い合わせ: yatteikifm@gmail.com

●筆者紹介

itopoid（はじめに、本書はこんな方にオススメ、第1、5、6章、編集担当）

フリーのプランナーとしてウェブサービスやネットコンテンツの企画制作に従事した後、現在はWeb&アニメ業界でディレクターとして奮闘中。個人作品に「#最高の夏」「#一度きりの青春」「#主人公レンズ」など。
YATTEIKI Projectでは企画プロデュース、デザイン制作、トーク進行などを担当。
どう考えても魂がVtuberに向いているので虎視眈々とデビューを狙っている。オファーお待ちしております。

kkosuge（第2章担当）

インターネットアプリケーションたくさん作るマンです。興味の揺れが激しい。
最近はブロックチェーン界に突っ込みつつ、毎日3Dプリンター動かしています。

r7kamura（第3章担当）

渋谷で働くフリーランスのエンジニアです。

soramugi（第3、4章担当）

農業高校から出版業界を2年、web系を6年経験し、現在は立川のゲーム会社に勤務。
口癖は「やらなくて良いようにするためにやる」。
最近は立川での地域活動や音のエンタメに夢中です。

◎本書スタッフ
アートディレクター/装丁：岡田章志＋GY
表紙イラスト：Mitra
表紙イラスト・アートディレクション：itopoid
編集協力：飯嶋玲子
デジタル編集：栗原 翔

●お断り
掲載したURLは2018年6月1日現在のものです。サイトの都合で変更されることがあります。また、電子版ではURLにハイパーリンクを設定していますが、端末やビューアー、リンク先のファイルタイプによっては表示されないことがあります。あらかじめご了承ください。
●本書の内容についてのお問い合わせ先
株式会社インプレスR&D　メール窓口
np-info@impress.co.jp
件名に『本書名』問い合わせ係」と明記してお送りください。
電話やFAX、郵便での質問にはお答えできません。返信までには、しばらくお時間をいただく場合があります。なお、本書の範囲を超えるご質問にはお答えしかねますので、あらかじめご了承ください。
また、本書の内容についてはNextPublishingオフィシャルWebサイトにて情報を公開しております。
https://nextpublishing.jp/

●落丁・乱丁本はお手数ですが、インプレスカスタマーセンターまでお送りください。送料弊社負担 にてお取り替えさせていただきます。但し、古書店で購入されたものについてはお取り替えできません。
■読者の窓口
・インプレスカスタマ　センタ
〒101-0051
東京都千代田区神田神保町一丁目105番地
TEL 03-6837-5016／FAX 03-6837-5023
info@impress.co.jp
■書店／販売店のご注文窓口
株式会社インプレス受注センター
TEL 048-449-8040／FAX 048-449-8041

技術の泉シリーズ
今日からはじめる「技術Podcast」完全入門

2018年7月13日　初版発行Ver.1.0（PDF版）
2019年4月12日　Ver.1.1

編　者　YATTEIKI Project
著　者　itopoid, kkosuge, r7kamura, soramugi
編集人　山城 敬
発行人　井芹 昌信
発　行　株式会社インプレスR&D
　　　　〒101-0051
　　　　東京都千代田区神田神保町一丁目105番地
　　　　https://nextpublishing.jp/
発　売　株式会社インプレス
　　　　〒101-0051　東京都千代田区神田神保町一丁目105番地

●本書は著作権法上の保護を受けています。本書の一部あるいは全部について株式会社インプレスR&Dから文書による許諾を得ずに、いかなる方法においても無断で複写、複製することは禁じられています。

©2018 YATTEIKI Project. All rights reserved.
印刷・製本　京葉流通倉庫株式会社
Printed in Japan

ISBN978-4-8443-9846-2

NextPublishing®

●本書はNextPublishingメソッドによって発行されています。
NextPublishingメソッドは株式会社インプレスR&Dが開発した、電子書籍と印刷書籍を同時発行できるデジタルファースト型の新出版方式です。https://nextpublishing.jp/